U0359007

MathStart®
洛克数学启蒙②

MathStart®
洛克数学启蒙②

全部加一倍

[美] 斯图尔特·J. 墨菲 文
[美] 瓦莱里娅·佩特隆 图
静博 译

海峡出版发行集团 THE STRAITS PUBLISHING & DISTRIBUTING GROUP
福建少年儿童出版社 FUJIAN CHILDREN'S PUBLISHING HOUSE

献给科尔，他和他的大姐萨曼莎把麻烦变成了欢乐。

——斯图尔特·J. 墨菲

献给双重小麻烦（托马索和莎拉）。

——瓦莱里娅·佩特隆

著作权合同登记号：图字 13-2023-038号

图书在版编目（CIP）数据

洛克数学启蒙. 2. 全部加一倍 / (美) 斯图尔特·J.墨菲文；(美) 瓦莱里娅·佩特隆图；静博译. -- 福州：福建少年儿童出版社，2023.9
ISBN 978-7-5395-8231-3

Ⅰ. ①洛… Ⅱ. ①斯… ②瓦… ③静… Ⅲ. ①数学－儿童读物 Ⅳ. ①O1-49

中国国家版本馆CIP数据核字(2023)第074349号

LUOKE SHUXUE QIMENG 2 · QUANBU JIA YI BEI
洛克数学启蒙2·全部加一倍

著　　者：[美] 斯图尔特·J. 墨菲　文　[美] 瓦莱里娅·佩特隆　图　静博　译
出 版 人：陈远　出版发行：福建少年儿童出版社　http://www.fjcp.com　e-mail:fcph@fjcp.com　社址：福州市东水路 76 号 17 层（邮编：350001）
选题策划：洛克博克　责任编辑：曾亚真　助理编辑：赵芷晴　特约编辑：刘丹亭　美术设计：翠翠　电话：010-53606116（发行部）　印刷：北京利丰雅高长城印刷有限公司
开　　本：889 毫米 ×1092 毫米　1/16　印张：2.5　版次：2023 年 9 月第 1 版　印次：2023 年 9 月第 1 次印刷　ISBN 978-7-5395-8231-3　定价：24.80 元

全部加一倍

你看到了吧，
我每天忙忙碌碌，
因为我养着一群小鸭子。

1

照顾它们要干的活儿可不少，
这里只有我一个人照顾这五只小鸭子。

我只有两只手，
可要照顾五只鸭子，
要做的事很多。

2

我给它们喂食。
每天我要给我的五只
小鸭子喂三袋食物。

3

我用四捆厚厚的干草，
给我的五只小鸭子做了
温暖又舒适的窝。

4

我的小鸭子喜欢戏水。
“嘎嘎、呱呱、哗啦哗啦……”
五只小鸭子在水里玩得真开心。

5

我的五只小鸭子出门去散步，
每只小鸭子都带回来一个好朋友！

现在鸭子的数量加了一倍，
我要照顾十只小鸭子，
工作量也加了一倍。

10

我需要加一倍的干草——
总共八捆干草，
给这十只小鸭子做窝。

8

我需要准备两倍的食物——
每天六袋食物，
去喂我的十只小鸭子。

6

我需要两倍的手——
总共四只手，
来照顾我的十只小鸭子。

4

为了有两倍的手去干活，
就需要有两个人，
去照顾我的十只小鸭子。

2

看来我也需要一个朋友。

也许就是你？

《全部加一倍》中所涉及的数学概念是把一个数变成它的两倍，即把一个数和它自身相加。理解“倍”的概念能让孩子更好地掌握加法并为学习乘法打下基础。

对于《全部加一倍》中所涉及的数学概念，如果你们想从中获得更多乐趣，有以下几条建议：

1. 和孩子一起读故事，鼓励孩子数出故事中提到的事物，如 2 只手、3 袋食物等。

2. 找来一些常见的小物件，例如纽扣、弹珠或积木。和孩子一起再次阅读故事，鼓励孩子用这些小物件把故事情节演示出来。

3. 用积木垒高塔，塔的层数介于 1 到 10 之间。让孩子数一数垒塔所用积木的数量，然后帮助孩子用同样数量的积木搭建第 2 座塔。让孩子计算出建造两座塔所需的积木总数。用不同数量的积木重复这一活动。

4. 找来一副多米诺骨牌，让孩子找出其中所有的双牌（两端点数相同的骨牌）。

5. 帮助孩子做一本“两倍书”：在每一页设置一个标题，如“1 的两倍”“2 的两倍”等，然后和孩子一起想一想每个标题所对应的物品可以是什么。例如，“1 的两倍”可以是一张有两只眼睛的脸，“2 的两倍”可以是一张两端都是两点的多米诺骨牌，“3 的两倍”可以是两侧各有 3 条腿的昆虫。

如果你想将本书中的数学概念扩展到孩子的日常生活中，可以参考以下这些游戏活动：

1. 双倍游戏：所有玩家开始时都有 10 分。在每个回合中，玩家会掷出 2 个骰子。如果掷出的 2 个骰子上点数相同，则点数之和就是玩家的得分；如果点数不同，玩家就会失去 1 分。得分最先超过 20 分的就是赢家。

2. 厨房游戏：在制作速食布丁等简单的食物时，帮助孩子将配方中的所有材料加 1 倍。

3. 猜数字：告诉孩子你想到了一个数字，然后把它翻倍。说出翻倍后的数字，让孩子来猜翻倍前的数字。例如，如果翻倍后的数字是 10，正确答案就是 5。如果孩子感到困难，可以给他一组小物件，例如纽扣、回形针等，用它们表示出翻倍后的数字，然后把它们分成数量相等的两组。

洛克数学启蒙

书名	主题
《虫虫大游行》	比较
《超人麦迪》	比较轻重
《一双袜子》	配对
《马戏团里的形状》	认识形状
《虫虫爱跳舞》	方位
《宇宙无敌舰长》	立体图形
《手套不见了》	奇数和偶数
《跳跃的蜥蜴》	按群计数
《车上的动物们》	加法
《怪兽音乐椅》	减法

书名	主题
《小小消防员》	分类
《1、2、3，茄子》	数字排序
《酷炫 100 天》	认识 1~100
《嘀嘀，小汽车来了》	认识规律
《最棒的假期》	收集数据
《时间到了》	认识时间
《大了还是小了》	数字比较
《会数数的奥马利》	计数
《全部加一倍》	倍数
《狂欢购物节》	巧算加法

书名	主题
《人人都有蓝莓派》	加法进位
《鲨鱼游泳训练营》	两位数减法
《跳跳猴的游行》	按群计数
《袋鼠专属任务》	乘法算式
《给我分一半》	认识对半平分
《开心嘉年华》	除法
《地球日，万岁》	位值
《起床出发了》	认识时间线
《打喷嚏的马》	预测
《谁猜得对》	估算

书名	主题
《我的比较好》	面积
《小胡椒大事记》	认识日历
《柠檬汁特卖》	条形统计图
《圣代冰激凌》	排列组合
《波莉的笔友》	公制单位
《自行车环行赛》	周长
《也许是开心果》	概率
《比零还少》	负数
《灰熊日报》	百分比
《比赛时间到》	时间